Marie John

Die Geomorphologie des Harzes und seiner Vorländer

GRIN Verlag

Bibliografische Information der Deutschen Nationalbibliothek:

Die Deutsche Bibliothek verzeichnet diese Publikation in der Deutschen National-
bibliografie; detaillierte bibliografische Daten sind im Internet über http://dnb.d-
nb.de/ abrufbar.

Impressum:

Copyright © 2008 GRIN Verlag GmbH
Druck und Bindung: Books on Demand GmbH, Norderstedt Germany
ISBN: 978-3-640-30596-4

Dieses Buch bei GRIN:

http://www.grin.com/de/e-book/124893/die-geomorphologie-des-harzes-und-seiner-
vorlaender

Gliederung

1. Einleitung 2

2. Einordnung 2

3. Grundlagen der Geomorphologie 4

4. Die Geomorphologie des Harzes 5

    4.1 Erdgeschichtlicher Überblick 5

    4.2 Regionalgeologischer Bau 10

    4.3 Die Vorländer 16

    4.4 Die Oberflächenformen des Harzes 18

5. Zusammenfassung 24

6. Bibliographie 25

    Monographien 25

    Zeitschriftenartikel 26

    Lexikonartikel 26

    Internetquellen 27

1. Einleitung

„Es gibt in ganz Europa, vielleicht auf der ganzen Erde, kein Gebirge, welches auf so kleinem Raume eine so große Mannigfaltigkeit von Gesteinen aufweisen kann, [sic!] wie der Harz", urteilte 1871 Albrecht Groddeck.

Diese Aussage von Groddeck wird im Laufe der Hausarbeit bestätigt, der Harz besticht tatsächlich durch eine immense Gesteinsdiversität.

Das Hauptaugenmerk dieser Arbeit ist es, den Harz als nördlichstes Mittelgebirge Deutschlands vorzustellen. Dabei erfolgt eine Spezialisierung auf die Geomorphologie des Gebirges, die erdgeschichtliche Entwicklung, den Oberflächenformenreichtum und den regionalgeologischen Bau. Zudem wird auf die Vorländer des Mittelgebirges eingegangen.

2. Einordnung

Das Gebiet Deutschlands lässt sich in die Regionen Norddeutsches Tiefland, Mittelgebirge und Alpen gliedern. Diese Gliederung ist geologisch bedingt. Die Strukturelemente des Untergrunds verursachen darüber hinaus eine weitere Differenzierung, vor allem des Reliefs der Mittelgebirge. Hier kann zwischen Mittelgebirgsschwelle, Süddeutschem Stufenland und Alpenvorland unterschieden werden, sodass insgesamt fünf geomorphologische Großregionen in Deutschland vorhanden sind. [1]

Der Harz zählt zu den deutschen Mittelgebirgen und ist das nördlichste deutsche paläozoische Mittelgebirge. Gemeinsam ist allen Mittelgebirgen, dass sie spätestens seit dem Tertiär gegenüber den Tiefländern, Senken und Becken als relative Hochschollen herausgehoben wurden und deshalb bevorzugte Abtragungsbereiche waren. Dies ist der Grund dafür, dass ihnen weitestgehend die Überdeckung durch mächtige quartäre Sedimente fehlt.[2]

Der geschlossene Mittelgebirgszug besitzt eine Fläche von etwa 2220 km² mit einer Längserstreckung von 90 km bei 30 km maximaler Breitenausdehnung.

Das Mittelgebirge ist 400 Millionen Jahre alt und der Name Harz (althochdeutsch *hard*) bedeutet Bergwald.[3]

---

[1] SEMMEL 1996, p. 9
[2] ZEPP 2002 a, p. 286 f.
[3] MEIBEYER 1990 a, p. 7-10

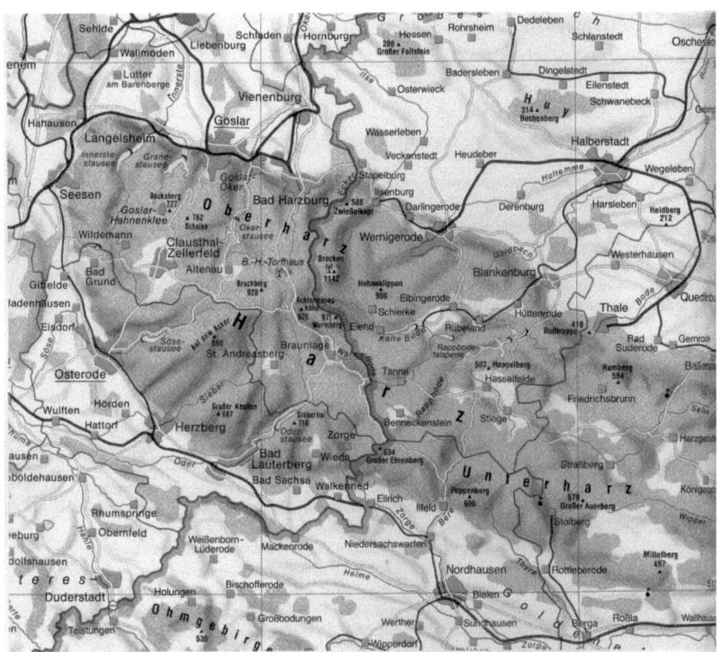

Abb.1: Der Harz (Ausschnitt aus der Karte Regierungsbezirk Braunschweig 1: 500 000 im
    Atlas Regierungsbezirk Braunschweig)[4]

Morphologisch wird der Harz als Pultscholle bezeichnet, wobei der nördliche Teil stärker
herausgehoben ist als der südliche.[5]

Das Mittelgebirge liegt in der nördlichen Fortsetzung des rheinischen Schiefergebirges,
deswegen sind sich die dort herrschenden Schichten und der geologische Aufbau sehr
ähnlich.[6]

---

[4] MEIBEYER 1990 b, p. 8
[5] ROTHE 2005 a, p. 54
[6] HENNINGSEN 2006a, p. 55

3. Grundlagen der Geomorphologie

Der Name Geomorphologie bezeichnet die wissenschaftliche Beschäftigung mit den Formen der festen Erdoberfläche, dazu gehören die Oberflächenformen der Landgebiete ebenso wie die Oberflächenformen des Meeresbodens. Aus dem Griechischen leitet sich *ge=* Land, *morphe=* die Form und *logi=* die Kunde ab. Wörtlich übersetzt lässt sich *die Wissenschaft von den Formen des Landes* zusammenfügen.[7]

Die Beschreibung und Ordnung der Oberflächenformen, die Formentypen, deren räumliche Verteilung und die Entwicklung der Formen in Raum und Zeit sind Gegenstände der Geomorphologie.[8]

Räumlich bedeutet die Erforschung von reliefbildenden und – formenden Prozessen die Betrachtung der Reliefssphäre. Hier überlagern sich Lithosphäre, Hydrosphäre, Biosphäre und Atmosphäre zu einem komplexen Wirkungsgefüge. Daraus ergeben sich Anknüpfungspunkte zwischen der Geomorphologie und den geowissenschaftlichen und naturwissenschaftlichen Nachbardisziplinen.

In der Abbildung wird dies graphisch dargestellt.[9]

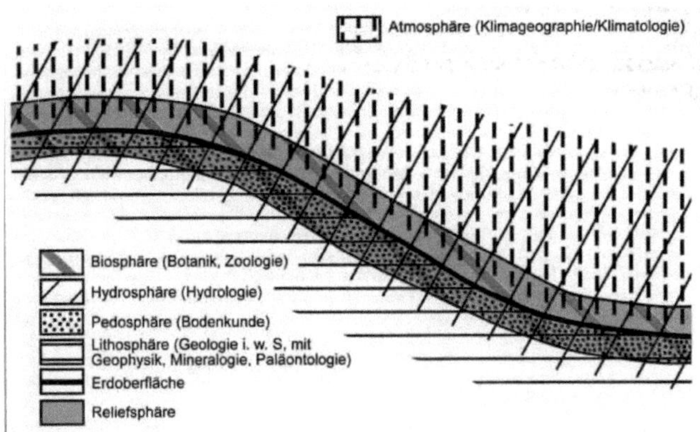

Abb. 2: Reliefsphäre als räumlicher Bezug der Geomorphologie[10]

---

[7] AHNERT 1996, p.13
[8] BAUMHAUER 2006 a, p. 1

[9] ZEPP 2002 b, p. 15-16
[10] ZEPP 2002 c, p. 16

Das Relief der Erde verändert sich ständig durch tektonische Vorgänge, deren Ursachen im Erdinneren zu suchen sind. Hierbei sind die Förderung vulkanischer Gesteine und die Hebung von Teilen der Erdkruste zu nennen. Dem entgegen stehen Senkungen von Teilen der Erdkruste sowie die Rückführung oberflächennah anstehender Gesteine in die Erdkruste und den Erdmantel. Die skizzierten Prozesse werden als endogene Prozesse bezeichnet. Sie sind primär verantwortlich für die Herausbildung von Höhenunterschieden und verursachen maßgeblich den strukturellen Aufbau und die Beschaffenheit der Erdkruste.

Höhenunterschiede im Relief sind Voraussetzung dafür, dass auf der Erdoberfläche Gesteinsmaterial unter dem Einfluss der Schwerkraft transportiert wird. Dies geschieht von einem Ort höherer zu einem Ort niedrigerer potentieller Energie. Die Schwerkraft wirkt dabei, bezogen auf die Erdoberfläche, niveauausgleichend. Sie wirkt in den seltensten Fällen unmittelbar, sondern meistens mittelbar, gebunden an ein Transportmittel (Transportmedium). Als dieses wirken fließendes Wasser, Eis und bewegte Luft. Bei genügend steilem Relief kann lockeres, fließ- und gleitfähiges Material unmittelbar in Bewegung geraten. Dies bezeichnet man als gravitative Massenbewegungen. Diese Prozesse laufen an der Eroberfläche ab und werden als exogene Vorgänge bezeichnet. Grundsätzlich wirken sie auf einen Ausgleich von Höhenunterschieden hin und sind mit Materialumlagerungen auf der festen Erdoberfläche verbunden. Zu den Abtragungsformen kommen somit noch die Ablagerungsformen hinzu.[11]

4. Die Geomorphologie des Harzes

4.1 Erdgeschichtlicher Überblick

Bereits im 16. Jahrhundert setzte eine Erforschung des Harzes im Zusammenhang mit dem Erzbergbau ein.

Die ältesten Gesteine des Harzes sind in der Wippraer Zone zu finden.

Die ausschließlich paläozoischen Gesteine des Harzes reichen bis in das ältere Silur zurück. Von dieser über 400 Millionen Jahre zurückreichenden Zeit über das ganze Devon bis zum Oberkarbon wurden mehrere tausend Meter mächtige, kalkige, tonige und sandige Sedimente im Bereich des variskischen Geosynklinaltroges abgelagert. Eine Geosynklinale ist ein Sedimentationstrog. Die Geosynkinaltheorie nach Hans Stille in Bezug auf die Gebirgsorogenese ist zwar überholt, jedoch ist es legitim den Fachbegriff zu verwenden.

---

[11] ZEPP 2002 d, p. 17-18

Senkungsvorgänge des Troges bewirkten das Aufreißen von Spalten im Meeresboden. Entlang dieser wurde untermeerischer Vulkanismus aktiv, welcher magmatische Diabasen, durch metamorphe Umwandlungsvorgänge grünlich gefärbte Ergussgesteine, förderte. Ein Relikt dessen ist der Oberharzer Diabaszug. Ebenfalls strömten erzhaltige Exhalationen aus. Der Grundstein für wichtige Erzlagerstätten des Harzes, bspw. die des Rammelsberges bei Goslar, wurde gelegt.

Die durch diese untermeerischen Vulkanite aufgebauten Schwellen wurden von Korallen besiedelt, welche schließlich zu über 500 m mächtigen Kalkriffen anwuchsen und auch noch heute in den Elbingeröder und Iberger Kalken zu finden sind.[12]

Die Sedimentation endete im Südostharz bereits im Oberdevon, während sie im Nordwestharz bis an die Grenze Unter-/ Oberkarbon andauerte.

Während des frühen Oberkarbons vor etwa 318 Millionen Jahren bildete sich im Zusammenhang mit einer weltweiten Orogenese das von Südwesten nach Nordosten quer durch Europa verlaufende variskische Faltengebirge. Dessen Verlauf ist noch heute in den alten Gebirgsrümpfen der Vogesen, des Thüringer Waldes, des Schwarzwaldes, des Rheinischen Schiefergebirges und im Harz nachweisbar.

Letzterer liegt zusammen mit dem Rheinischen Schiefergebirge in den rhenoherzynischen Zone. Diese ist nach den zwei Gebirgen benannt und erstreckt sich zwischen der Subvariszischen Vortiefe und dem Saxothuringikum.[13]

Während des Prozesses wurden die Meeresbodensedimente des Synklinaltroges zu aufsteigenden Schwellen und absinkenden Mulden zusammengeschoben und schließlich als Faltengebirge über den Meersspiegel gehoben. Noch vor dem Aufstauchen kam es im Bereich des späteren Ostharzes zu Abrutschungen ganzer Gesteinsserien von den Flanken der aufsteigenden Schwellen in die Mulden. Dies hatte eine Verlagerung immenser Gesteinsschollen, deren chaotische Anordnung als Olisthostrome (= Schuttkörper[14]) und Einbettung in fremde Gesteinskörper zur Folge. Mit diesen wurden sie dann teilweise in weitere orogenetische Prozesse einbezogen[15]. Vor allem im Ostharz wurden große Gebirgsschollen deckenartig übereinander geschoben, es entstand die sogenannte Ostharz-Decke. Dort liegen auch heute noch ältere Gesteine über jüngeren.[16]

---

[12] MEIBEYER 1990 c, p. 14
[13] MOHR 1993 a, p. 14
[14] KNOLLE 1997 a, p. 12
[15] MEIBEYER 1990 d, p. 14
[16] KNOLLE 1997 b, p. 12

Begleitet wurde die Heraushebung mit Granitintrusionen, welche das Eindringen von Magma in den Gesteinsverband darstellen. Diese stiegen entlang tektonischer Spalten in den Gebirgskörper auf und verursachten die Granit-, bzw. Gabbromassive von Brocken, Ramberg und bei Bad Harzburg. Die Gesteine in ihrer unmittelbaren Nachbarschaft verwandelten sich unter Kontaktmetamorphose, d.h. unter hohen Temperaturen und hohem Druck in hoch erosionswiderständigen Hornfels, welcher z.B. auf der Achtermannshöhe zu finden ist.

Zudem drangen metallsalzhaltige, zum Teil wässrige Schmelzen in die tektonischen Gangsysteme im Oberharz ein und schufen durch deren Auffüllung die dortigen hydrothermalen Erzlagerstätten.

Die Abtragung und Einrumpfung des Gebirges erfolgte unter wechselfeucht- ariden Klimabedingungen im Perm, genauer im Rotliegenden. Die permokarbone Rumpffläche als eine wellige Landoberfläche bildete sich unter Abräumung der Höhen und Auffüllung der Senken mit dem Gesteinsschutt.

Während dieser Zeit fanden im Harz infolge der tektonischen Spannungen vulkanische Ausbrüche statt. Im Südharz am Großen Auerberg, um Ilfeld und bei Bad Sachsa wurden Porphyre gefördert[17]. Dies ist die Sammelbezeichnung für alle Ergussgesteine, die über eine dichte und/oder sehr feinkörnige Grundmasse verfügen, in welcher größere Kristalle eingesprengt sind. Sie entstehen, wenn Gesteinsschmelzen plötzlich abkühlen und erstarren.[18] Bei Ilfeld breiteten sich diese mit einer 300 m großen Mächtigkeit deckenhaft aus. Besonders quarzreiche Porphyre, als Rhyolithe bezeichnet, finden sich bspw. beim Ravensberg in Bad Sachsa.

Im Anschluss wurde der Harz vom Zechsteinmeer überflutet. In dem lagunenartigen Flachmeer kam es zur Abscheidung mächtiger Salz- und Gipsfolgen.

Von kurzen Festlandzeiten unterbrochen blieb das Gebiet des Harzes fast während des gesamten Mesozoikums[19], welche die Zeitspanne von 230 bis 70 Millionen Jahren vor heute umfasst[20], ein meeresüberflutetes Sedimentationsgebiet. Dabei wurde eine mächtige Sedimentfolge aus unterschiedlichen Gesteinen der Trias, des Jura und der Kreide geschaffen.

---

[17] MEIBEYER 1990 e, p. 16
[18] PORPHYR 2005 a, p. 697-698
[19] KNOLLE 1997 c, p. 14
[20] MESOZOIKUM 2005 b, p. 552

Beginnend mit dem oberen Jura, vor allem aber während der Kreidezeit, wirkte sich dann die Saxonische Gebirgsbildung als zeitliches Äquivalent der Alpidischen Gebirgsbildung im Harzgebiet aus.

Der Gesteinskörper wurde nun nicht mehr gefaltet, sondern er zerbrach in einzelne Schollen, welche gegeneinander verschoben und unterschiedlich weit herausgehoben wurden. Auf diese Art entstand die heutige Harzscholle, welche als eine saxonisch gehobene Scholle des viel älteren variskischen Gebirges gilt.[21] Die Scholle wurde aus dem Untergrund in der heute vorliegenden herzynischen Kontur aus dem Deckgebirge herausgelöst und um 3000 m entlang der sogenannten Nordrandstörung unter nordwestlich gerichtetem Druck etwas über die Deckgebirgsschichten hinübergeschoben.

Die horstartig gehobene Harzscholle liegt pultartig schief. Sie überragt im nördlichen und nordwestlichen Teil ihrer Kontur das Vorland entlang einer scharf geprägten Verwerfung, der Harznordrandstörung. Diese ist als Schollengrenze 100 Kilometer lang. Die Schichten des Mesozoikums, die im anschließenden Flachland weitestgehend horizontal lagern, sind hier steil aufgerichtet. Neben dem Muschelkalk tritt dabei besonders der Oberkreide-Quadersandstein reliefwirksam in Erscheinung.[22]

Abb. 3: Teufelsmauer bei Neinstädt am Harznordrand[23]

---

[21] KNOLLE 1997 d, p. 14
[22] MEIBEYER 1990 f, p. 16
[23] ROTHE 2005 b, p. 54

Die Harzscholle taucht nach Osten hin sanft und ohne morphologisch erkennbaren Übergang ab. An der Südseite vollzieht sich der Übergang an einer von Brüchen begleiteten Flexur.[24] Dies ist eine tektonische Lagerungsstörung, bei welcher Gesteinsschichten verbogen werden ohne dass Faltung oder Bruchtektonik auftritt. Es erfolgt lediglich eine Zerrung der Schichten.[25]

Bis ins Tertiär wurden bei langsamer Hebung die Schichten des mesozoischen Deckgebirges zunächst restlos abgetragen. Diese Hebung setzte sich phasenhaft bis ins Pleistozän fort.

Unter tropischen wechselfeuchten Klimabedingungen vollzog sich seit dem Alttertiär eine erneute Einrumpfung mit tiefgründiger Zersetzung der Gesteine. Durch diese **Abgrusung** traten Gesteinsverbände widerstandsfähigerer Natur, wie z.B. die durch Abtragung freigelegter Granitmassive von Brocken und Ramberg, die Hornfelse von Achtermann, Wurmberg und Rehberg sowie die quarzitische Acker- Bruchberg- Zone reliefmäßg stärker hervor. Die alte variskisch ausgerichtete Grundstruktur des Gebirgsraum erschien somit an einigen Stellen wieder.

In den Ruhezeiten des Tertiärs bildeten sich ausgedehnte Verebnungsflächen, in die sich dann bei weiterer Hebung die Flüsse tief einschnitten.
Das feucht-warme Klima dieser Zeit begünstigte auch die Verkarstung der paläozoischen Kalke im Harz.
Zusätzlich bildete es die Grundlage für die Entstehung der Braunkohlenmoore, welche sich in den verschiedenen Senken im Umland des Harzes herausbildeten.

Während des Pleistozäns wurde der Unterharz zum Teil von nördlichem Inlandeis bedeckt. Dieses reichte während der Elstervereisung bis ins Thüringer Becken hinein. Morphologisch lässt sich eine Eigenvergletscherung des Oberharzes nur für die Weichselzeit nachweisen. Die Gegend um den Brocken und den Acker – Bruchbergzug war zu dieser Zeit vergletschert. Gletscherzungen stießen weit in die Harztäler hinab.
Die im Tertiär einsetzenden Verwitterungsvorgänge setzten sich in den Zwischeneiszeiten fort.
Verstärkte Verkarstung machte sich in den Gips-, Kalk- und Dolomitgesteinen bemerkbar.

---

[24] MEIBEYER 1990 g, p. 16
[25] FLEXUR 2005 c, p. 235

Als jüngstes Bildungsprodukt der Erdgeschichte des Harzes sind die Höhen- Hochmoore an der niederschlagsreichen Westseite des Brockenmassivs hervorzuheben, deren **Torf**mächtigkeit bis zu 3 m reicht. Sie bildeten sich vor allem im warmen
ozeanischen Klima des Atlantikums. Für die Hydrologie des Oberharzes sind sie von erheblicher Bedeutung.

Beobachtungen und Messungen jüngerer Zeit haben ergeben, dass die Aufwärtsbewegungen am Nordostrand des Harzes auch heute noch nicht zum Stillstand gekommen sind.
Die Millionen Jahren andauernde Entwicklung des Harzgebietes ist somit noch nicht abgeschlossen, sondern immer neuen Prozessen der Erdentstehung unterworfen.[26]

4.2 Regionalgeologischer Bau

Der Harz grenzt sich, ähnlich einer Insel, gut von seiner geologischen Umgebung ab. Kompliziert wird das geologische Bild des Harzes dadurch, dass sich zwei extrem
ungleiche Streichrichtungen, auf welche in Punkt 4.1 schon eingegangen wurde, gegenseitig durchdringen. Zum einen die variskische Richtung, welche die Anordnung der Schichtfolgen sowie der Sättel – Mulden – Struktur weitgehend bestimmt und von Südwest nach Nordost verläuft. Zum anderen ist die nach dem Harz benannte herzynische Richtung zu nennen, welche durch Hebung und tektonische Verstellung des Gebirges zum Ausdruck kommt. Sie verläuft von Nordwest nach Südost.

Aufgrund der tektonischen Struktur, den Ortschaften und der Altersverhältnisse der Schichten wird der Harz in verschiedene Einheiten untergliedert.[27]
Zunächst sind drei Großbereiche, die durch bedeutende Störungslinien voneinander getrennt sind, zu nennen. Der Unterharz wird vom Mittelharz durch die Tanner- Störung getrennt, der Mittelharz vom Oberharz durch die Acker- Hauptstörung.
In Abbildung 4 ist dies ersichtlich.

---

[26] HANLE 1992 a, p. 49
[27] MOHR 1993 b, p. 11

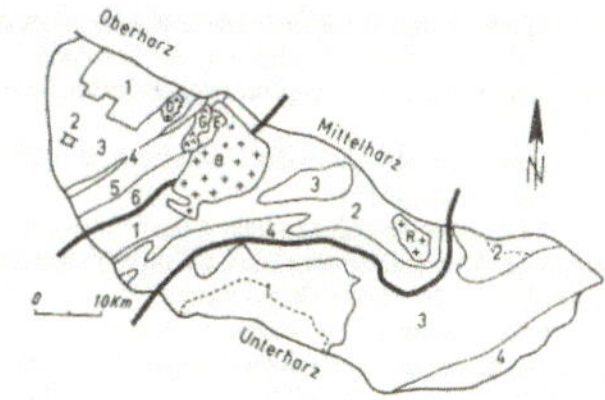

Abb. 4: Die geologische Gliederung des Harzes[28]

Innerhalb dieser Großeinheiten werden von Südost nach Nordwest weitere geologische Harzeinheiten unterschieden. Die Gesteinseinheiten darin sind außerordentlich vielfältig, in der eingefügten Geologischen Übersichtskarte des Geologischen Landesamt Sachsen-Anhalt ist dies ersichtlich und nachvollziehbar.

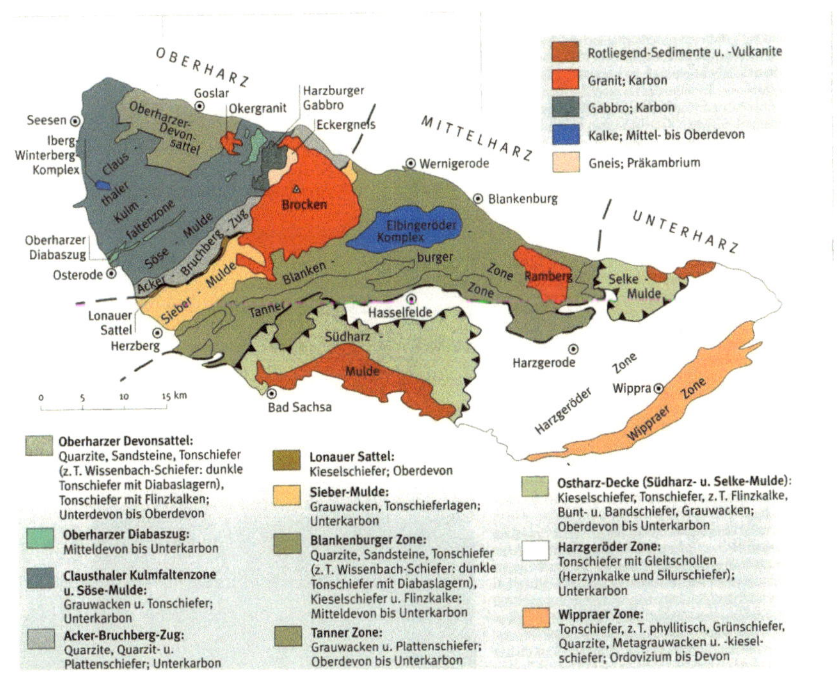

Abb. 5: Geologische Übersichtskarte des Harzes (nach Wachendorf 1986 und dem Geologischen Landesamt Sachsen- Anhalt 1998, verändert)[29]

---

[28] MOHR 1993 c, p. 11

Der Unterharz gliedert sich in die Wippraer Zone, die Harzgeröder Zone, die Selke- und die Südharz- Mulde. Die Oberflächengestalt ist eine wellige bis kuppige um 500 m gelegene Hochfläche mit sanftem Einfallen nach Osten hin.

Da sich die höchsten Erhebungen sowohl am Nordostrand (Ramberg 582 m) als auch am Südwestrand (Stöberhai 718 m) befinden, erscheint die Harzhochfläche hier als eine breit eingesenkte Mulde.

Neben die landschaftlich abwechslungsreiche flache Zertalung treten 50 bis 100 m tiefe steile Taleinschnitte besonders an den Gebirgsrändern. Vor allem das stark mäandrierende, tiefer eingeschnittene Tal der Bode bildet eine weit in die Hochfläche eingreifende, selbständige Tallandschaft.[30]

Die schmale Zone von Wippra stellt eine Ausnahme im Harz dar, denn nur hier sind die paläozoischen Gesteine metamorph. Diese Zone gehört im größeren regionalen Rahmen zu dem Bereich, der heute als *Nördliche Phyllitzone* der variskischen Gebirge bezeichnet wird und hat ihre streichende Fortsetzung in den Gesteinen der Südränder von Taunus und Hunsrück.[31] **Phyllit** ist ein sehr feinkörniger und dichter kristalliner Schiefer von hell- bis dunkelgrauer Farbe aus Quarz und Serizit, welche u.a. in altkristallinen Mittelgebirgen wie dem Bayerischen Wald, dem Fichtel- und Erzgebirge vorkommt. Er entstand aus Tonschiefer durch Regionalmetamorphose. Die regionalmetamorphe Überprägung haben die verschiedenen Ausgangsgesteine im Unter- und Oberkarbon erhalten, wobei eher hohe Drücke als hohe Temperaturen maßgeblich waren.[32]

Nach Nordwesten schließt sich die Harzgeröder Zone an, deren Steine das Alter von Silur bis Unterkarbon haben. Schiefer, Grauwacken, Kalke und Diabasen sind am Aufbau beteiligt. Hier herrscht Schuppenbau, jedoch auch Überschiebungen. Die südlichsten Anteile davon sind noch ähnlich metamorph der Gesteine von Wippra. Abrutschungen der Gesteinskörper führten zu der Bezeichnung *Harzgeröder Olisthostrom.* Die auch als Südharz- und Selke- Mulde bezeichneten Einheiten lagern nach heutigen Erkenntnissen auf den Gesteinen der Harzgeröder Zone in Form der Ostharz- Decke. Durch die Deckenüberschiebung sind die Gesteine an der Basis zu einer mylonitischen Gefüge zerschert wurden.[33] **Mylonite** sind eben diese Gesteine, welche bei Erdkrustenbewegungen an Störungsflächen durch Druck der sich bewegenden Schollen zerstört und wieder verkittet wurden.[34]

---

[29] ROTHE 2005 c, p. 56
[30] MEIBEYER 1990 h, p. 21
[31] ROTHE 2005 d, p. 55
[32] PHYLLIT 2005 d, p. 674
[33] ROTHE 2005 e, p. 56- 57
[34] MYLONIT 2005 e, p. 583

Im Mittelharz reihen sich die Tanner Zone, der Elbingeröder Komplex, die Blankenburger Zone und die Sieber- Mulde aneinander.

Als zentrales Bergland nimmt er eine inselhafte, über den Oberharz hinausragende Stellung ein. Seine Höhen liegen über 700 bis 750 m, überschreiten jedoch auch mehrfach 900 m. Am Brocken erreichen sie eine Maximalhöhe von 1142 m.[35]

Die Tanner- Zone, deren Gesteine besteht vor allem aus Grauwacken und Tonschiefern. Diese ist ein nur ein paar Kilometer breiter Streifen, welcher nicht ganz dem im Harz üblichen Südwest- Nordost- Streichen folgt, sondern sigmoidal (= s- frömig) verformt wurde, sodass im Mittelteil eher West- Ost- Streichen vorherrscht. In ihrer Gesamtheit ist die Tanner- Zone tektonisch gegen ihre Nachbarzone abgegrenzt, im Süden sogar von der Harzgeröder- Zone überschoben.

Die nördlich anschließende Blankenburger- Zone beherrscht zusammen mit dem Elbingröder- Komplex den Mittelharz. Ihre Tonschiefer- und Sandsteinserien von Silur- und Devonalter wiederholen sich infolge der Tektonik mehrfach. Hier sind ebenfalls Olisthostrome nachgewiesen. Der Elbingröder- Komplex wird aus Vulkaniten und mächtigen Riffkalken des oberen Mitteldevons und tiefen Oberdevons aufgebaut. Da diese massigen Gesteine im Unterschied zu den Schiefern weniger auf tektonische Beanspruchung reagieren, herrschen hier eher weit gespannte, flache Falten vor. In den Kalkkomplexen von Elbingerode, welche auch heute noch abgebaut werden, sind bekannte Tropfsteinhöhlen, wie die Hermanns- und die Baummannshöhle, zu finden.

In der nordwestlich anschließenden Sieber- Mulde herrschen wieder unterkarbonische Grauwacken vor. Sie bilden einen schalen Streifen, der durch steile Randstörungen gegen die Nachbarkomplexe abgegrenzt ist und vom Brockenpluton unterbrochen wird. An ihrem Nordrand kommen im Lonauer Sattel oberdevonische und im Kern auch mitteldevonische Gesteine des älteren Untergrundes zu Tage.[36]

Der Oberharz schließlich lässt sich in den Acker- Bruchberg- Zug, die Söse- Mulde, den Oberharz Diabaszug, die Clausthaler Kulmfaltenzone, den Iberg und den Oberharzer Devonsattel einteilen.

Er ist flächenmäßig das größte Teilstück des Harzes. Seine mittlere Höhe beträgt 600 bis 700 m und er erhebt sich um 300 bis 400 m steil über das Vorland. Der Oberharz wird von weit in den Gesteinskörper hineinreichenden, tiefen Kerbtälern mit eindrucksvollen Tallandschaften in zahlreiche einzelne Hochflächen und Bergländer zergliedert.

---

[35] MEIBEYER 1990 i, p. 21
[36] ROTHE 2005 f, p. 57

Die flach herzynisch streichenden Verwerfungslinien gaben als Erzgänge Ansatzpunkte für den Bergbau und die Anlage von Bergstädten.

Das vielseitige, variskisch ausgerichtete Gesteinsmuster mit Tonschiefern, Grauwacken, Quarzit, Diabas, Granit und Gneis wirkt entscheidend bei der differenzierten morphologischen Ausformung der einzelnen Teilgebiete des Oberharzes mit.[37]

Der Acker- Bruchberg- Zug macht sich infolge seiner aus harten Quarziten bestehenden oberdevonischen bis unterkarbonischen Gesteinsfolgen auch als prägnanten Höhenzug in der Landschaft bemerkbar. Entsprechende Quarzite sind auf einer Länge über 350 km vom Rheinischen Schiefergebirge bis südlich von Magdeburg zu verfolgen. Sie sind im Devon in einer markanten Schwellenregion entstanden, welche die Ausbildung der Gesteine in den benachbarten Becken gesteuert hat. Im Nordwesten fallen die Schichten steil nach Südosten ein, im Zentralteil stehen sie staiger (= die Schicht ist vertikal orientiert, der Einfallswinkel liegt somit bei 90°)[38] und im Südosten sind sie gegen Nordwesten geneigt. Sie bilden somit eine Art Fächer, wie er auch in der Wippraer Zone beobachtet werden kann.[39] Der Acker- Bruchberg- Zug wird als Fortsetzung des Hörre- Zuges und des Kellerwaldes im Rheinischen Schiefergebirge angesehen.[40]

In der nordwestlich angrenzenden Söse- Mulde sind vorwiegend unterkarbonische Grauwacken zu finden, dazu kommen Ton- und Kieselschiefer. Die Gesteine werden vielfach von oberdevonischen Schieferaufbrüchen durchbohrt. Auch die Gesteinsfolgen der Söse- Mulde zeigen einen intensiven Schuppenbau.

An die Söse- Mulde schließt sich im Nordwesten, zwischen Osterode und Bad Harzburg, der Oberharzer Diabaszug an.[41] Dieser stellt eine schmale, tektonisch stark verschuppte Sattelzone dar. Mittel- und oberdevonische sowie unterkarbonische Diabase und Schalsteine geben dieser Struktur das lithographische Gepräge. Von Südwest nach Nordost streichende und steil nach Südosten einfallende Aufschiebungen sind charakteristisch. Der Oberharzer Diabaszug ist auf die Clausthaler Kulmfaltenzone aufgeschoben.[42]

Die ältesten Gesteine des sich anschließenden Oberharzer Devonsattels bilden einen der Zeitstufe des Ems zugeordneten Komplex. Dieser wird mit seinen überwiegend sandigen Ablagerungen als Kahleberg- Sandstein bezeichnet. Er gehört noch in einen küstennahen Flachwasserbereich. darauf folgenden unterdevonischen Wissenbach- Schiefer Die dagegen

---

[37] MEIBERGER 1990j, p. 20
[38] http://www.geo-glossar.de/woerterbuch/saiger.html Zugriff am 08.10.08
[39] ROTHE 2005 g, p. 57
[40] HENNINGSEN b, p. 55
[41] ROTHE 2005 h, p. 58
[42] WALTER 1995 a, p. 193

deuten auf eine Ausbreitung und Vertiefung des Meers an, dessen feinkörnige Ablagerungen mit dem vom Harz abgeleiteten Begriff *hercynische Fazies* bezeichnet werden.

Den Wissenbach- Schiefern folgen Diabas und Schalstein als Schwellenbildner und Tentakuliten (= Rippenquallen[43]) –schiefer und Cephalopoden (= Kopffüßler[44]) –kalke in den dazwischen liegenden Becken. Diese pelagischen (=in der Tiefsee gebildeten[45]) Sedimente setzen sich lückenlos bis in das Unterkarbon fort und bilden die Clausthaler Kulmfaltenzone. Hier sind Grauwacken, Ton- und Kieselschiefer mit einem nach Nordwest gekippten Faltenbau entwickelt, der im Süden auch wieder durch Schuppentektonik überprägt wurde.

Eine Sonderstellung hat der Kalkklotz des Ibergs bei Bad Grund. Dieser begann im Mitteldevon als Atollriff zu wachsen, vermutlich auf einem vulkanischen Sockel und bestand bis in den Unterkarbon. Seine massigen Kalke bilden eine Horststruktur, die aus den unterkarbonischen Grauwacken der Umgebung herausragt. Im Iberger Kalk, welcher von steilen, teilweise vererzten Gängen durchzogen ist, gibt es eine zugängliche Tropfsteinhöhle.[46]

Die Grenzen der geologischen Einheit Harz zum Umland hin sind unterschiedlich. Im Norden erfolgt eine scharfe Grenzziehung durch die Harznordrandstörung. Die Teufelsmauer bei Neinstedt, sie wurde in 4.1 bereits angesprochen, steht unter Naturschutz.[47]

Auch im Süden wird der Harz durch Störungen begrenzt, diese besitzen jedoch ein geringeres Verwurfsmaß und sind teilweise von jüngeren Sedimenten überdeckt und deswegen nicht so klar zu erkennen wie am Nordrand.[48] Im Westen wird das Gebirge tektonisch durch etwa Nord- Süd verlaufende Abbrüche zum Leinetalgraben begrenzt. Im Südosten ist ein allmählicher Übergang in das von Perm- Sedimenten bestimmte Mansfelder Land zu beobachten.[49]

---

[43] FREYE 1983 a, p. 115
[44] FREYE 1983 b, p. 81
[45] PELAGISCH 2005 f, p. 660
[46] ROTHE 2005 i, p. 55- 58
[47] MEIBEYER 1990 k, p. 16
[48] KNOLLE 1997 e, p. 16
[49] ROTHE 2005 j, p. 54

4.3 Die Vorländer

Zeitgleich mit der Hebung des Harzes haben sich die Vorländer, besonders intensiv das nördliche Vorland, das Subherzyne Becken, eingesenkt. Es ist dabei als Meeresarm des Niedersächsischen Beckens in der Oberkreide mit bis zu 2 km mächtigen Meeressedimenten gefüllt worden. Diese wurden von der aufsteigenden Harzscholle her und aus nördlichen Richtung in das Subherzyne Becken geschüttet.[50] Zwischen Harz und der Flechtinger-Rosslauer- Scholle bei Magdeburg sind Schichten von Trias bis Kreide entwickelt. Unmittelbar am Harznordrand liegt das Grundgebirge 4000 m tief, ein Indiz für Bruchstrukturen. Die Höhen sind vor allem aus Muschelkalk gebildet.

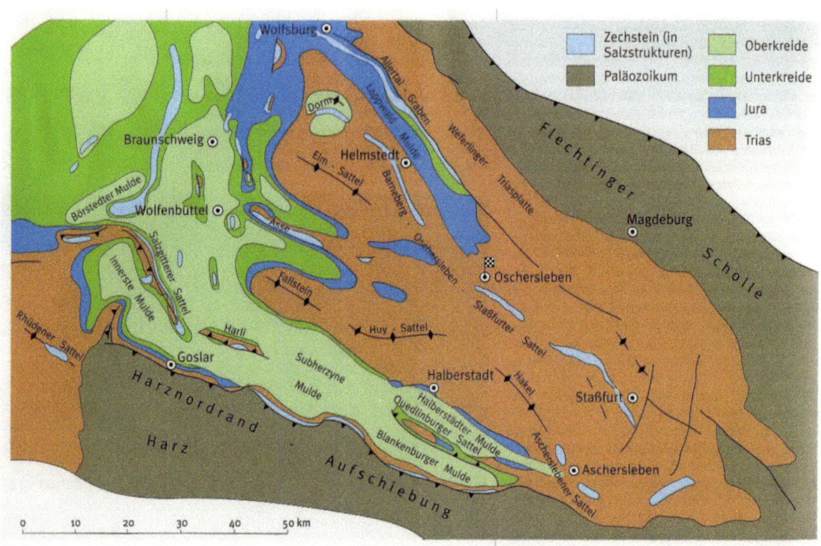

Abb. 6: Geologische Übersichtskarte des Nördlichen Harzvorlandes[51]

Die das nördliche Harzvorland im Nordosten begrenzende Flechtinger- Rosslau- Scholle bildet einen aus paläozoischen Gesteinen aufgebauten Streifen, in welchem die aus dem Harz bekannten Gesteinsschichten wieder auftauchen. Dies gilt vor allem für Quarzite bei Gommern, welche als Äquivalente des Acker- Bruchberg- Quarzits gelten. Zudem für Grauwacken, Tonschiefer, vulkanische Gesteine und Sedimente des Rotliegenden. Morphologisch ist auch hier ein Bergzug mit Nordwest- Streichen entstanden, der Flechtinger

---

⁵⁰ LOOK 2006 a, p. 37
⁵¹ ROTHE 2005 k, p. 60

16

Höhenzug. Die Scholle ist eine kleine Pultscholle, an welcher wie im Harz das variskische Gebirge an die Oberfläche kommt.

Die Geologie des Untergrundes gestattet eine weitgehende Unterscheidung in Sattel- und Muldenstrukturen, zu denen Blankenburger und Halberstädter Mulde mit dem sie trennenden Quedlinburger Sattel, der Aschersleben der Sattel und der Oschersleben- Staßfurt- Sattel gehören. Alle diese Strukturen gleichen sich durch ihre nordwestliche Streichrichtung. Die Sättel sind meistens schmal, die Mulden breit. In den Sattelzonen sind Auf- und Überschiebungen anzutreffen. Die breiten Muldenzone lassen sich mit dem Abwandern des Zechsteinsalzes im Untergrund erklären, welches sich dann in den Sätteln konzentrierte. Die Deckschicht der Mulden ist dabei abgesunken und es tieften sich Randsenken an beiden Seiten der Sättel ein.

Die Landschaft im nördlichen Harzvorland ist weitestgehend flach und von pleistozänen Sanden und Löß bedeckt. Die erwähnten Sattelstrukturen sind im Gelände nicht immer sichtbar, manche bilden kleine Hügel. Auffallend sind aber die unmittelbar vor dem Harzrand gelegenen, lang gestreckten Mauern in der Landschaft, welche durch die steilgestellten Schichten von Trias bis Kreide gebildet werden.

Das südliche Vorland des Harzes wird wesentlich vom flach lagernden Buntsandstein des Eichsfeldes bestimmt. Dieser folgt über dem am Gebirgsrand in einem schmalen Streifen zutage tretenden Zechstein.

In diesem Gebiet ist eine Karstlandschaft entwickelt, die auf Gips und Anhydrit aufsetzt.[52]
Infolge der geringen Widerstandsfähigkeit von leicht löslichem und morphologisch weichem Salz und Gips begleitet den Harzrand hier eine breite Ausräumungszone. Der Bereich dieser Zone ist stark verkarstet und weist Dolinen, Erdfälle und Flussschwinden auf.[53]

Die Rhumequelle, eine der größten Karstquellen Deutschlands, entspringt in einem Bereich, in dem sich Zechsteinkarbonate mit Gips verzahnen. Das Wasser laugt die Zechsteinsalze im Untergrund beständig aus.

Zum permischen Randbereich am Südharz gehören auch die bei Walkenried anstehenden Walkenrieder Sande die in das Rotliegend eingestuft werden. Ihr Material geht auf die Eichsfeldschwelle zurück, von der es durch Flüsse angeliefert wurde.

Eine Besonderheit der Region ist das Kyffhäuser. Dies ist ein kleines Gebirge, welches strukturell als eine Art *Mini- Harz* aufgefasst werden kann. Es ist eine kleinen Pultscholle mit tektonisch bedingtem Steilabbruch im Nordosten, wo Gneise infolge der Erosion des

---

[52] ROTHE 2005 l, p. 60- 61
[53] MEIBEYER 1990 l, p. 18

Deckgebirges zum Vorschein kommen. Der Kyffhäuser, der sich morphologisch deutlich über seine von mesozoischen Schichten geprägten Umgebung erhebt, besteht zum überwiegenden Teil aus grobkörnigen Sanden des Oberkarbons. Ähnlich wie am Harzrand fallen auch auf der Südseite die Schichten flach nach Süden ein, sodass hier auf das Oberkarbon Rotliegend und schließlich Zechstein folgt.

Die weißen Felsen der Zechstein- Gipse sind das beherrschende Landschaftselement. An vielen Stellen sind Karren und andere Lösungserscheinungen, u.a. Höhlen wie die Barbarossahöhle, sichtbar. Die teilweise noch erhaltenen Salze im Untergrund liefern Solequellen für Bad Frankenhausen. Die Subrosion (= Sammelbegriff für subterrane Abtragung durch Ausspülung und Auslaugung durch Quellen und Sickerwasser[54]) hat auch hier zu Gebäudeschäden geführt, weil sich das Deckgebirge über dem ausgelaugten Untergrund absenkt.

Das Gebiet um Mansfeld und Sangerhausen schließt sich an. Die geologischen Strukturen sind von zwei großen Mulden gekennzeichnet, die als Mansfelder bzw. Sangerhäuser Mulde bezeichnet und durch den Hornberger Sattel getrennt werden. Im Norden wird die Mansfelder Mulde von der Hettstedter Gebirgsbrücke begrenzt, welche eine geologische Verbindung zwischen dem Harz und der Gegend um Halle darstellt.[55]

4.4 Die Oberflächenformen des Harzes

Die Oberflächenformen eines Gebirges werden durch endogene und exogene Kräfte bestimmt und treten zahl- und artenreich auf.

Bei der Betrachtung der einzelnen Oberflächenformen ist festzuhalten, dass der Harz, wie bereits dargestellt, seit der Kreidezeit vor 65 bis 70 Millionen Jahren als deutliche Erhebung sein Umland überragte und damit eine Angriffsfläche für abtragendende Kräfte bot.

Die heutigen Oberflächenformen sind somit das Ergebnis einer Jahrmillionen andauernden Modellation, welche unlängst noch stattfindet.

Es lassen sich vier große Hauptformen der Oberflächengestalt unterscheiden. Zum einen die Nord- und Westrandstufe, die weiten Hochflächen, Gipfelerhebungen, welche die Hochflächen überragen, und tief eingeschnittene Täler.

Durch die Nord- und Westrandstufe wird die geologische Grenze des Harzes scharf nachgezogen, der Harz erhebt sich hier um etwa 100 bis 450 m aus seinem Umland. Diese

---

[54] SUBROSION 2005 g, p. 920
[55] ROTHE 2005 m, p. 61– 64

Stufen werden nur durch die tief eingeschnittenen Täler der Flüsse (Bode, Ilse, Oker) unterbrochen.

Durch die Abtragung in tektonischen Ruhezeiten, in denen der Hebungsprozess unterbrochen war, entstanden die weit ausgedehnten Hochflächen, welche kaum ein Gefälle erkennen lassen. Nach Hövermann kann man mehrere Hochflächen unterscheiden:
die Brockengipfelfläche (um 1100 m), die kleine Brockengipfelfläche (um 1000 m),
das Bruchbergplateau (900 m), das Torfhäuser Hügelland (740 bis 820 m),
die Andreasberger Rumpffläche (650 bis 700 m), die Hauptrumpffläche (550 bis 600 m),
die Bode- Hochfläche (460 bis 520 m), die Selke- Hochfläche (360 bis 420 m) und
die Eine- Hochfläche (240 bis 310 m).

Die Gipfelerhebungen als morphologische Großformen sind im Harz stark ausgeprägt. Dazu gehören der Ramberg und der Auerberg im Osten, der Achtermann, der Bruchberg und der Acker- Höhenzug im Westen.[56]

Das Flusssystem wurde vorelsterzeitlich angelegt. Zu Beginn der Kaltzeiten des Pleistozäns kam es zu umfangreichen Aufschotterungen. Elster- und saalezeitliche Schotter liegen in der Nähe des Harzrandes über dem Niveau der Niederterrasse, weiter im Norden unter dem heutigen Talniveau. Vor dem Inlandeis, in Gletscherspalten und zwischen Toteisblöcken kam es zur Aufschüttung glazialfluviatiler Kiesflächen und Kames- artiger Rucken
(= glazialfluviale Sedimente, die auf abtauenden oder zerfallenen Gletscherteilen morphologisch unregelmäßig abgelagert werden[57]). Die Niederung des Großen Bruches westlich von Oschersleben wurde in ihrer heutigen Form bereits durch die saalezeitlichen Schmelzwässer angelegt. Sie ist Teil des ältesten nachweisbaren Entwässerungssystems in welches von Süden nach Südwesten kommend Elster, Saale, Bode und Salzke strömten.[58]

Durch die Erosion der Flüsse entstanden tief eingeschnittene Täler. Besonders eindrucksvolle Taleinkerbungen wurden an der Harznordrandstufe von der Bode bei Thale, der Holtemme bei Wernigerode, der Ilse bei Ilsenburg, der Radau bei Bad Harzburg und der Oker gebildet. In der Regel handelt es sich bei diesen Tälern um antezendente Täler, welche dadurch

---

[56] MEIBEYER 1990 m, p. 19
[57] BAUMHAUER 2006 b, p. 83
[58] PÄTZELT 2003 a, p. 88- 90

entstanden sind, dass die Erosionsleistungen der Flüsse während der Hebung der Gebirge mit diesen Schritt hielten. Das natürliche Gefälle blieb somit immer erhalten.[59]

Die den Gebirgsrand gliedernden, besonders am Nordrand steilwandigen und tiefen Täler besitzen zumeist nur am Gebirgsrand schmale Sohlen, weisen im Gebirge schroffe Kerbtalprofile auf und laufen letztendlich in sanften Mulden in den Hochflächen aus.

Die letzte Kaltzeit hat einen weiteren Anteil an der Oberflächengestaltung des Harzes.[60] Infolge der Solifluktionsvorgänge im Pleistozän wurden die älteren tertiären Verwitterungsschuttdecken beseitigt.[61] Solifluktion ist ein charakteristischer Formungsprozess in Periglazialgebieten, welche eine langsame, hangabwärts gerichtete Bewegung wassergesättigten Materials bezeichnet.[62] Feineres Material wurden in Folge dessen weggeschwemmt, Blockströme und Blockmeere bildeten sich.[63]

Die Entstehung der im Harz zu findenden Klippen ist auf die Hebung der Gebirges bei gleichzeitiger Abtragung in der Kreidezeit und im Tertiär zurückzuführen. Unter dem damals herrschenden subtropisch warm- feuchten Klimabedingungen wurden die Tiefengesteine an der Oberfläche freigelegt. Dadurch konnte die Verwitterung auf den Granit selbst eingreifen und löste Blöcke bis hin zum Grus.[64] Dies sind kleine eckige Gesteinsstücke von zwei bis sechs cm Durchmesser.[65] In Steinbrüchen können solche bis zu 15 m mächtige Grusdecken beobachtet werden. Vielfach finden sich darin auch noch große Granitblöcke und ganze Blockkomplexem, welche in ihrer Anordnung die ehemalige Klüftung des Granits nachzeichnen. Die Zersetzung geht dabei meistens von den Granitfugen aus. Es ragen teilweise klippenartig kaum zersetzte feste Gesteinspartien in die mächtigen Grusdecken hinein. Diese Art des Granitauflösung wird als Wollsackverwitterung bezeichnet.[66] Wenn Massengesteine mit rechtwinkligen Kluftsystemen nach einer Phase der hydrolytischen Verwitterung durch Denudation und Erosion freigelegt werden, tritt diese auf.[67]

---

[59] KNOLLE 1997 f, p. 19
[60] KNOLLE 1997 g, p. 18-19
[61] MEIBEYER 1990 n, p. 19
[62] BAUMHAUER 2006 c, p. 89
[63] MEIBEYER 1990 o, p. 19

[64] LOOK 2006 b, p. 41
[65] GRUS 2005 h, p. 325
[66] LOOK 2006 c, p. 41
[67] ZEPP2002 e, p. 98

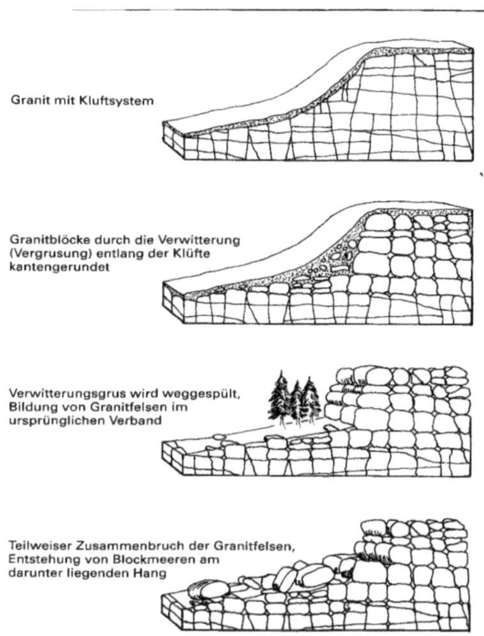

Abb. 7: Entstehung der Granitfelsen und Blockmeere durch die Wollsackverwitterung[68]

Die Blockhalden sind teilweise aus dieser Verwitterung und den dabei entstandenen Granitblöcken hervorgegangen. Ihre Entstehung erfolgte hauptsächlich unter eiszeitlichen Bedingungen und sind somit mindestens 10. 000 Jahre alt. Der Boden war tiefgründig das ganze Jahr über gefroren und taute nur in den Sommermonaten oberflächlich auf. Die Auftauschicht rutschte langsam bergab und nahm dabei auch die großen Blöcke mit, welche schließlich in einer chaotischen Lagerung liegen blieben. Das Feinmaterial, der Grus, zwischen ihnen wurde durch fließendes Wasser abgetragen.

Auch die Frostsprengung ist als zweite Ursache für die Blockhalden zu nennen. Die Achtermann- Kuppe oder der Fuß der Hahnenkleeklippen im Odertal sind darauf zurückzuführen.[69] Wenn Wasser zu Eis kristallisiert, dehnt sich sein Volumen um 9 %. Der Kristallisationsdruck kann den Gesteinsverband lockern, wenn die Hohlräume vollständig wassergefüllt sind und während des Gefriervorgangs die Öffnungen des Hohlraumes durch Eisbildung verschlossen sind. Die Volumenvergrößerung übertragt sich auf das umliegende

---

[68] KNOLLE 1997 h, p. 138
[69] LOOK 2006 d, p. 41

Gestein und kann eine Sprengwirkung ausüben.[70] Blockhalden die auf diese Art und Weise entstanden sind, weisen im Gegensatz zu den Wollsäcken eckige Felsbrocken auf.[71]

Eine Eigenvergletscherung ist während dem Weichselglazial für einen Talgletscher im Odertal mit drei Moränenstaffeln nachgewiesen. Das Brockengebiet selbst scheint von keiner Vergletscherung betroffen gewesen zu sein.[72] Das Vorkommen der Glazialsedimente Moränen, Schuttdecken, Staubecken –Schluffen und –Sanden in den Tälern westlich des Brockens weist auf die Vergletscherung hin.[73]

Verkarstungsvorgänge setzten sowohl am Südharz mit seinen verbreiteten Zechsteinsalzen, -gipsen und –kalken ein, sondern auch an den Innerharzer Kalkvorkommen des Iberg bei Bad Grund. Auch am Elbingeröder Kalkkomplex wird der Karstformenschatz sichtbar und ist touristisch in Form von Tropfsteinhöhlen erschlossen.[74]

In enger Verbindung zur Oberflächengestaltung steht die Auslaugung saliner Gesteine im Untergrund. Im östlichen Subherzyn besteht eine großflächige Auslaugungsfläche in Form eines Salzspiegels. Dieser liegt bei Gröna südlich Bernburg 172 bis 180 m unter NN und bei Peißen bei – 254 und –270 m. Die Auslaugung von Salzlagern des Zechstein führte im Tertiär zur Bildung mehrerer Braunkohlebecken, im Jungquartär zur Entstehung des Ascherslebener Sees. Unmittelbar am Harzrand kommt es durch Auslaugung von Zechsteinsalinar zu Senken und Gebäudeschäden, ebenso gehen zahlreiche Erdfälle auf Gipsauslaugung im Zechsteinausstrich zurück.[75]

In der Bundesrepublik Deutschland wird die unterirdische Erosion im Gegensatz zur oberflächenhaft wirkenden Bodenerosion nicht als prägnant gewertet.
Im mitteldeutschen Lößgebiet sind immer wieder Erosionsschäden infolge subterraner, linienhafter Erosion beobachtet worden. So auch im Gebiet bei Langenbogen im östlichen Harzvorland. Dort ist vorwiegend weichselzeitlicher Schwemmlöß von subterraner Erosion betroffen. Vor allem natürliche und künstliche Hanganschnitte in pleistozänen Sedimenten sind dafür disponiert. Die unterirdische Erosion ist ein unsichtbares, schleichendes Phänomen.

---

[70] ZEPP2002 f, p. 85
[71] LOOK 2006 e, p. 41
[72] MEIBEYER 1990 p, p.19
[73] HENNINGSEN 2006 c, p. 61
[74] MEIBEYER 1990 q, p. 19
[75] PÄTZELT 2003 b, p. 88- 89

Erste Hinweise darauf geben infolge außergewöhnlicher Niederschlagsereignisse eingestürzten Tunneldächer und kleinerer Sackungen. Bei Wettin, 30 km von Langenbogen entfernt, bildete sich nach einem sommerlichen Gewitter eine 100 m lange Lößschlucht mit wechselnder Breite und einer Tiefe von 3 bis 5 m. Innerhalb kürzester Zeit wurden 1.000 bis 2.000 m³ Lößmaterial erodiert.

Voraussetzungen für die subterrane Erosion ist die mit pleistozänen Sedimenten verschiedener Permeabilität verfüllte Mulde. Die in 5- 6 m liegenden Humuszonen fungieren als Hauptwasserstauer. Der im Vergleich zum Schwemmlöß um ca. 15% erhöhte Tonanteil sowie der erhöhte Humusanteil verursachen eine geringe Permeabilität. Der Schwemmlöß besitzt dagegen aufgrund seiner niedrigen Kalkgehalte und der fehlenden Verkittung der Quarzkörper sowie wegen seines hohen Sandgehaltes eine gute Wasserdurchlässigkeit.

Erste Formen sind kleine Sackungen. Treten diese Sackungen am Rande von Hohlwegwänden auf, werden oft 2- 3 m breite kolluvial (= mit abgelagerter humushaltiger Feinerde[76]) verfüllte Rinnen freigelegt. Gullies bilden sich durch das Einbrechen von Tunneldächern, werden durch oberflächenhafte Erosion überformt, sind schmal und bis 1,7 m tief. Der Boden der entstandenen Gullies ist im Schwemmlöß ausgebildet, die fossilen Bodenkomplexe liegen bis zu 2 m tiefer. Sind die Hohlräume in größerer Tiefe über den schwach permeablen Bodenkomplexen ausgebildet, kommt es zu flächenhaften Einbrüchen.[77]

---

[76] KOLLUVISOL 2005 i, p. 440
[77] HARDENBICKER 1998, p. 93- 103

5. Zusammenfassung

Der Ausspruch von Albrecht Groddeck wurde im Rahmen dieser Arbeit mit zahlreichen regionalgeologischen Belegen untermauert.

Wildromantische Täler, wie das Bodetal, Klippen, klammartige Täler mit steilen Wänden, kahle Kuppen und Felsenmeere zeugen von einem einzigartigen Formenschatz, welcher seit jeher sowohl Wanderer, als auch Dichter anzog.

Verwunderlich ist es deshalb nicht, dass J. W. v. Goethe gerade in diesem Mittelgebirge Teile des *Faust* spielen lässt. Er meint dazu:

„Alles Menschenwerk, wie alle Vegetation, erscheint klein gegen die ungeheuren Felsmassen und Höhen. "[78]

---

[78] LOOK 2006 f, p. 39- 41

6. Bibliographie

Monographien

AHNERT, FRANK (1996): Einführung in die Geomorphologie. Stuttgart: Ulmer Verlag, 440 pp.

BAUMHAUER, ROLAND (2006): Geomorphologie. Darmstadt: Wissenschaftliche Buchgesellschaft, 144 pp.

FREYE, HANS- ALBRECHT (1983): Zoologie. 7. Aufl., Jena: VEB Gustav Fischer Verlag, 420 pp.

HANLE, ADOLF (1992): Harz. Mannheim: Meyers Lexikonverlag, 172 pp.

HENNINGSEN, DIERK & GERHARD KATZUNG (2006): Einführung in die Geologie Deutschlands. 7. Aufl., München: Elsevier, Spektrum Akademischer Verlag, 234 pp.

KNOLLE, FRIEDHART & BÈATRICE OESTERREICH u.a. (1997): Der Harz, Geologische Exkursionen. Gotha: Justus Perthes Verlag, 230 pp.

LOOK, ERNST- RÜDIGER & LUDGER FELDMANN (2006): Faszination Geologie. Die bedeutendsten Geotope Deutschlands. Stuttgart: Schweizerbart` sche Verlagsbuchhandlung, 179 pp.

MEIBEYER, WOLFGANG (1990): Geographie des Harzes. – In: DIETER BROSIUS: Der Harz. Hannover: Niedersächsische Landeszentrale für politische Bildung, 175 pp.

MOHR, KURT (1993): Geologie und Minerallagerstätten des Harzes. 2.Aufl., Stuttgart: Schweizerbart` sche Verlagsbuchhandlung, 497 pp.

PÄTZELT, GERALD (2003): Nördliches Harzvorland. (Subherzyn), östlicher Teil. Berlin & Stuttgart: Gebrüder Bornträger, 182 pp.

ROTHE, PETER (2005): Die Geologie Deutschlands. 48 Landschaften im Portrait.
Darmstadt: Wissenschaftliche Buchgesellschaft, 240 pp.

SEMMEL, ARNO (1996): Geomorphologie der Bundesrepublik Deutschland. 5. Aufl.,
Stuttgart: Steiner- Verlag, 199 pp.

WALTER, ROLAND (1995): Geologie von Mitteleuropa. 6. Aufl., Stuttgart:
E. Schweizerbart` sche Verlagsbuchhandlung, 566 pp.

ZEPP, HARALD (2002): Geomorphologie. Eine Einführung. Paderborn: Schöningh Verlag,
354 pp.

Zeitschriftenartikel

HARDENBICKER, ULRIKE: Subterrane Erosion im östlichen Harzvorland. – Zeitschrift für
Geomorphologie. **112**: 93- 103

Lexikonartikel

FLEXUR (2005), in: Wörterbuch Allgemeine Geographie. 13. Aufl., München: Deutscher
Taschenbuchverlag & Braunschweig: Westermann Schulbuchverlag, p. 235

GRUS (2005), in: Wörterbuch Allgemeine Geographie. 13. Aufl., München: Deutscher
Taschenbuchverlag & Braunschweig: Westermann Schulbuchverlag, p. 325

KOLLUVISOL (2005), in: Wörterbuch Allgemeine Geographie. 13. Aufl., München:
Deutscher Taschenbuchverlag & Braunschweig: Westermann Schulbuchverlag, p. 440

MESOZOIKUM (2005), in: Wörterbuch Allgemeine Geographie. 13. Aufl., München:
Deutscher Taschenbuchverlag & Braunschweig: Westermann Schulbuchverlag,
p. 552

MYLONIT (2005), in: Wörterbuch Allgemeine Geographie. 13. Aufl., München: Deutscher
    Taschenbuchverlag & Braunschweig: Westermann Schulbuchverlag, p. 583

PELAGISCH (2005), in: Wörterbuch Allgemeine Geographie. 13. Aufl., München: Deutscher
    Taschenbuchverlag & Braunschweig: Westermann Schulbuchverlag, p. 660

PHYLLIT (2005)), in: Wörterbuch Allgemeine Geographie. 13. Aufl., München: Deutscher
    Taschenbuchverlag & Braunschweig: Westermann Schulbuchverlag, p. 674

PORPHYRE (2005), in: Wörterbuch Allgemeine Geographie. 13. Aufl., München: Deutscher
    Taschenbuchverlag & Braunschweig: Westermann Schulbuchverlag, p. 687-698

SUBROSION (2005), in: Wörterbuch Allgemeine Geographie. 13. Aufl., München:
    Deutscher Taschenbuchverlag & Braunschweig: Westermann Schulbuchverlag, p. 920

Internetquellen

SAIG: http://www.geo-glossar.de/woerterbuch/saiger.html - Zugriff am 08.10.2008

HARZ: http://www.geoberg.de/text/geology/07111901.php - Zugriff am 23.09.2008